ACTO DE INVESTIDURA DEL GRADO DE DOCTOR HONORIS CAUSA

DIRK J. BROER

Universidad de Zaragoza, 9 de febrero de 2024

Prensas de la Universidad de Zaragoza
     Edificio de Ciencias Geológicas
     c/ Pedro Cerbuna, 12 • 50009 Zaragoza, España
     Tel.: 976 761 330
     puz@unizar.es   http://puz.unizar.es

Impreso en España
Imprime: Servicio de Publicaciones. Universidad de Zaragoza
ISBN 978-84-1340-789-0
Depósito legal: Z 179-2024

ÍNDICE

LAUDATIO
CEREMONIA DE INVESTIDURA
COMO DOCTOR *HONORIS CAUSA*
DEL PROFESOR DIRK J. BROER

Con la venia del Rector Magnífico de la Universidad de Zaragoza
Claustro togado
Autoridades
Miembros de la comunidad universitaria
Familiares
Señoras y señores

Es un verdadero honor para el profesor Luis Oriol y para mí apadrinar al profesor Dirk Broer en su nombramiento como doctor *honoris causa* por la Universidad de Zaragoza. Entendemos que es también un gran motivo de orgullo para nuestra comunidad universitaria, y muy en particular para el Departamento de Química Orgánica, proponente del nombramiento, así como para la Facultad de Ciencias y el Instituto de Nanociencia y Materiales de Aragón, que apoyaron la propuesta de este reconocimiento.

El profesor Broer recibe hoy en este acto solemne la más alta distinción que concede nuestra universidad, formando parte así de la ilustre lista de nuestros doctores *honoris causa* que suma premios nobel (Rigoberta Menchú, Jean Dausset y Albert Fert), científicos de la categoría de

Juan Luis Arsuaga, José Elguero, Albert Cotton, Valentín Fuster o Carlos López Otín, y personalidades con un extenso reconocimiento en el campo de las humanidades y las artes (Fernando Lázaro Carreter, Luis Buñuel, Carlos Saura o Pablo Serrano), citando solo algunos ejemplos.

En palabras del profesor Whitesides: «la química avanza sobre dos pies, uno es la utilidad y el otro es la curiosidad». El trabajo del profesor Broer ha avanzado sobre ambos; no obstante, si algo destaca en su carrera científica es la búsqueda constante de una aplicación práctica de sus investigaciones. Creo que puedo decir sin equivocarme que todos nosotros usamos en nuestra vida diaria algún desarrollo científico promovido por el profesor Broer, en nuestros relojes, en las pantallas de nuestros múltiples dispositivos electrónicos o en la televisión que tenemos en casa. Pero además estas aplicaciones han permitido avanzar de forma fundamental en campos tan diversos como la instrumentación en Medicina, en dispositivos de visualización de los tipos más variados, en sensores para diagnóstico tanto en aplicaciones en biología como en materiales e incluso en utilidades que facilitan nuestro ocio y esparcimiento personal.

El profesor Dirk Broer comenzó a trabajar en Philips en el año 1973 tras acabar sus estudios de ingeniería química en la escuela técnica Hogere, en Dordrecht (Países Bajos), donde se especializó en química de polímeros. Por sus contribuciones y su trabajo se le animó desde Philips a realizar su tesis doctoral. La tesis, titulada *In-situ photopolymerization of oriented liquid-crystalline acrylates (Fotopolimerización in situ de acrilatos cristal líquido orientados),* se presentó en 1990 en Groninga y su promotor fue el profesor Challa. Solo un año después, en 1991, fue nombrado director del grupo de investigación de Philips denominado Self-Organizing and

Aligning Polymers (Auto-organización y alineamiento de Polímeros), cargo que ejerció hasta el año 2004, cuando fue nombrado vicepresidente de Philips Research, que en aquel momento reunía a más de 7000 investigadores. Durante este tiempo fue además director de la investigación del grupo de investigación en sensores, y durante 2008 y 2009, director del departamento de Molecular Diagnosis (Diagnóstico molecular).

De 2006 a 2010 compaginó su trabajo en Philips con el de profesor a tiempo parcial del Departamento de Química e Ingeniería Química en la Universidad Tecnológica de Eindhoven (Tu/E), ocupando la cátedra de Polymers for the information and communication technology (Polímeros para la información y tecnología de la comunicación).

Tras su jubilación en Philips en 2010 y hasta 2020 ha sido catedrático a tiempo completo de la Universidad Tecnológica de Eindhoven (Tu/E), donde ha ocupado la cátedra de Stimuli-responsive functional organic materials and devices (Materiales y dispositivos orgánicos funcionales que responden a estímulos).

Desde el año 2020 hasta el momento actual es profesor emérito de dicha universidad y supervisor de los grupos universitarios en el área de Human interactive materials and soft robotics (Materiales interactivos humanos y robótica blanda).

Asimismo, es miembro del Instituto de Materiales Moleculares Complejos en Eindhoven desde 2010.

Su actividad y reconocimiento ha traspasado fronteras, y desde el año 2013 es profesor distinguido de la China Normal University en Guangzhou, donde se ha creado un laboratorio conjunto de investigación entre China y los Países Bajos sobre Device Integrated Responsive Materials (DIRM) (Materiales con respuesta integrados en dispositivos).

Entre las aportaciones científicas más sobresalientes y reconocidas internacionalmente destaca el desarrollo de la técnica de la fotopolimerización *in situ*, que inició en su tesis doctoral, y su aplicación al campo de los cristales líquidos reactivos orientados, lo que ha permitido un avance fundamental en la tecnología de fabricación de pantallas cristal líquido y una mejora drástica de sus propiedades. Otros avances científicos de interés se han desarrollado en áreas de conocimiento relativas a materiales orgánicos funcionales, tales como cristales líquidos, guías de onda de polímeros, energía solar, semiconductores orgánicos, nanolitografía, litografía blanda o actuadores de polímeros para sistemas microfluídicos biomédicos, que se han originado, perfeccionado y aplicado en Philips y posteriormente en la Universidad Tecnológica de Eindhoven.

Fruto de esta intensa actividad investigadora son más de 340 publicaciones en revistas científicas de gran prestigio, pero sobre todo destaca de forma muy significativa su capacidad de transferencia de conocimiento. De hecho, es autor de 189 patentes, de las cuales más del 90 % han estado o están en explotación, siendo el investigador de Philips con mayor número de ellas.

Debido a esta relevante actividad investigadora ha recibido numerosos premios y reconocimientos nacionales e internacionales, de los que únicamente voy a destacar algunos de los más singulares.

Ya en Philips fue distinguido en 1996 como primer ganador del Gilles Holst Award, que entrega Philips Research, por los logros científicos más destacados en las investigaciones realizadas en sus laboratorios.

En el año 2002, también Philips Research le concedió el Gold Medal Patents Award, por haber realizado 50 patentes en Estados Unidos.

En 2002, junto con su equipo en Philips, fue galardonado con el Wallstreet Journal Innovation Runner Up Award por sus aportaciones al desarrollo en dispositivos plásticos de visualización.

En 2012 la Real Academia de las Ciencias de los Países Bajos le concedió la medalla KNAW Gilles Holst por sus contribuciones en el campo de la física y química aplicada.

En 2014 la Society for Information Displays le otorgó el Jan Rajchman Prize por sus destacadas contribuciones en la investigación sobre pantallas planas.

En 2018 recibió la Professor Gray medal de la Sociedad Británica de Cristales Líquidos por su contribución en el campo de los elastómeros y las redes de cristal líquido.

Más recientemente, en 2021 se le otorgó el Premio en Applied Polymer Science de la American Chemical Society.

Y finalmente, en el mismo año 2021 ha sido distinguido con la condecoración real como Caballero de la Orden del León, la orden civil más prestigiosa y antigua de los Países Bajos.

Estos méritos son por sí mismos más que suficientes para avalar el reconocimiento del profesor Broer como doctor *honoris causa* por nuestra universidad, pero además cumple el requisito necesario de haber realizado contribuciones significativas para la singularización y reconocimiento internacional de la Universidad de Zaragoza.

La vinculación del profesor Broer con nuestra universidad comenzó en 1991, cuando se puso en contacto con el grupo de Cristales Líquidos de la Universidad de Zaragoza para la solicitud de un proyecto europeo BRITE-EURAM. Este proyecto, coordinado por el profesor Broer, fue concedido y se desarrolló entre 1992 y 1995. En él participaban los Philips Research Labs en Eindhoven, la empresa Merck Ltd. en Southampton, la División de Ciencias Físicas de la Comisión de Energía Atómica (CEA-DSM) en Grenoble y la Universidad de Zaragoza. Este proyecto europeo, cuyo acrónimo era APOCALIPS (Active and passive optical components based on *in-situ* formed anisotropic liquid-crystalline polymeric systems), tenía como objetivo la búsqueda de componentes ópticos activos y pasivos basados en sistemas poliméricos líquidocristalinos anisótropos formados *in situ*. De hecho, fue uno de los primeros proyectos europeos en los que participó la Universidad de Zaragoza y supuso, sin duda, un empuje decisivo para el grupo de investigadores del Departamento de Química Orgánica de nuestra universidad dedicado al estudio de cristales líquidos y su reconocimiento a nivel internacional, y además proporcionó a nuestra institución un importante aporte económico y de equipamiento.

El éxito del proyecto propició la solicitud de una segunda propuesta BRITE-EURAM de acrónimo PHOTO-FLU (New photoselective processes for flat panel fluorescent displays), centrado en nuevos procesos fotoselectivos para pantallas planas fluorescentes, que se llevó a cabo entre los años 1998 y 2000 y que también fue coordinado por el profesor Broer. En este nuevo proyecto participaron los Philips Research Labs en Eindhoven, la empresa Merck GMBH en Darmstardt (Alemania), la Universidad de Potsdam (Alemania), la Universidad Tecnológica de Eindhoven TU/e (Países Bajos) y la Universidad de Zaragoza.

En ambos proyectos participaron un nutrido grupo de profesores de la Universidad de Zaragoza e investigadores del Instituto Mixto de Ciencia de los Materiales de Aragón, un instituto mixto entre el CSIC y nuestra universidad, todos ellos miembros del Departamento de Química Orgánica. Fruto de estos dos proyectos fueron sólidas colaboraciones internacionales, estancias en los laboratorios de Philips en Eindhoven y una productividad científica, tanto en patentes como en publicaciones, que favorecieron la proyección internacional de la investigación realizada en nuestra universidad.

La buena sintonía científica y personal del profesor Broer con los investigadores y los objetivos científicos de la Universidad de Zaragoza permitió reforzar y ampliar esta colaboración Philips-Unizar. Así, ya en 1993 se llegó a un acuerdo formativo entre Philips Research Labs y nuestra universidad para que cada año dos o tres estudiantes de especialidad de Química Orgánica de la licenciatura de Químicas de Unizar realizasen tres meses de prácticas de verano en los laboratorios de Philips, con soporte económico por parte de la empresa. Este acuerdo, dada su proyección internacional, tuvo una excelente acogida entre nuestros estudiantes de Química, por lo que se presentaron numerosas solicitudes. De hecho, más de cuarenta estudiantes se beneficiaron del acuerdo entre 1993 y 2010. Un buen número de estos egresados iniciaron así su trayectoria investigadora y ocupan actualmente cargos relevantes en industrias nacionales e internacionales o trabajan en centros de investigación de nuestro país. Además, varios doctores o estudiantes de doctorado de nuestra universidad han realizado estancias postdoctorales en Philips o en la TU/e bajo la tutela del profesor Broer. De hecho, en estos últimos años, doctorandos del Programa de Doctorado de Química Orgánica de esta universidad siguen realizando estancias en sus laboratorios con el fin de poder acceder al doctorado con mención internacional.

Quiero también mencionar que, en la última década, el grupo del profesor Broer ha participado en varios proyectos europeos junto con investigadores del Instituto de Nanociencia y Materiales de Aragón, con el consiguiente aporte económico y posibilidad de contratación y formación de doctores en el marco de nuestra universidad:

Así, entre 2013 y 2017 se desarrolló el Proyecto *Hierarchical Self Assembly of Polymeric Soft Systems* (SASSYPOL) *(Autoensamblaje dirigido de Sistemas Blandos Poliméricos)*, en el que participamos como investigadores principales, entre otros, el profesor Broer y yo mismo.

Más recientemente, entre el año 2019 y 2022, se ha ejecutado el Proyecto *Advanced and versatile PRInting platform for the next generation of active Microfluidic dEvices* (PRIME) *(Plataforma de impresión avanzada y versátil para la próxima generación de dispositivos microfluídicos activos)*, siendo el coordinador el doctor Carlos Sánchez, del Instituto de Nanociencia y Materiales de Aragón.

Actualmente, entre 2021 y 2024, se está desarrollando el Proyecto *Soft and Tangible Organic Responsive Materials Progressing Robotic Functions (storm-bots) (Materiales sensibles orgánicos blandos para funciones robóticas)* dentro de las Marie Skłodowska-Curie Actions, que finaliza este año, también coordinado por el doctor Carlos Sánchez, del Instituto de Nanociencia y Materiales de Aragón, y en el que participan, entre otros, el profesor Broer y el doctor Jesús del Barrio, profesor de nuestra universidad.

La vinculación y compromiso del profesor Broer con la Universidad de Zaragoza también queda patente en su participación desde 2017 hasta 2023 en el Comité Externo de Asesoramiento Científico del Instituto de Investigación Mixto de Ciencia de Materiales de Aragón (ICMA) y posteriormente del Instituto Universitario de Investigación Mixto de Nanociencia y Materiales de Aragón (INMA), donde ha aportado su experiencia y consejos para su mejor desarrollo, y ha dado un decidido apoyo a la labor investigadora y a la proyección internacional de estos centros.

Finalmente, quiero poner en valor, por su importancia en la labor docente de la Universidad de Zaragoza, que la colaboración y vinculación con el profesor Broer y su grupo de investigación, desde su inicio hasta la actualidad, ha inspirado y fortalecido la formación y especialización de varios docentes del Departamento de Química Orgánica en el ámbito de la síntesis de materiales orgánicos y la ciencia de materiales. Este hecho ha permitido en gran medida la iniciativa e impulso dado por diferentes profesores del Departamento de Química Orgánica en la implantación y la impartición en planes de estudios de licenciatura de Química, grado de Química y diversos másteres de asignaturas troncales y optativas relacionadas con polímeros, ciencia de materiales y química supramolecular.

Cabe destacar también que el profesor Broer ha participado a lo largo de estos años de vinculación entre Philips/TU/e y Unizar en la impartición de un significativo número de clases y seminarios dirigidos a los estudiantes de doctorado y máster, mostrando unas magníficas cualidades docentes y transmitiendo la trascendencia y atractivo de la conexión entre la investigación básica, la aplicación tecnológica y la innovación constante, así como la necesidad de abordar cualquier reto desde un punto de vista transversal y multidisciplinar, yendo mucho más allá de la propia especialización. Quienes han tenido la oportunidad de asistir a sus seminarios pueden dar fe de que son inspiradores, motivadores y foro de encuentro de la química orgánica, la ciencia de materiales y las tecnologías más avanzadas.

Antes de finalizar mi intervención, destacaré un punto al que a veces no se le presta la debida atención y que ambos padrinos consideramos esencial: los valores humanos del profesor Broer. A pesar de los numerosos reconocimientos que le han sido concedidos y de su amistad con científicos del más alto nivel, como los profesores Feringa (premio nobel en Química en 2016) o Meijer, entre otros, siempre se muestra como una persona sencilla y cercana, abierto a las opiniones de los demás, desde el científico más destacado hasta el último estudiante incorporado al grupo.

Por todo lo anterior entendemos que el nombramiento como doctor *honoris causa* del profesor Broer representa un justo reconocimiento y agradecimiento a su labor formativa, investigadora y docente, siempre generosa y de indudable repercusión en la Universidad de Zaragoza.

Solo nos queda agradecer al profesor Broer el aceptar el nombramiento como doctor *honoris causa* por la Universidad de Zaragoza y toda la labor que ha realizado en beneficio de nuestra universidad.

En definitiva, querido profesor Dirk Broer, sea bienvenido como nuevo ilustrado de esta nuestra universidad, ahora también su universidad.

José Luis Serrano Ostáriz
Luis T. Oriol Langa

CEREMONIAL

Para la investidura
como doctor *honoris causa*
por la Universidad de Zaragoza
del profesor

DIRK J. BROER

Serán sus padrinos académicos los profesores doctores:
D. José Luis Serrano Ostáriz
D. Luis Teodoro Oriol Langa

Los componentes de la comitiva académica ocupan los lugares reservados a ellos en el estrado (el candidato se habrá quedado fuera del salón Paraninfo). Tras el *Veni Creator,* que se escucha en pie y con la cabeza descubierta, el Rector dice:

— *Sedete et tegite caput.*

(Sentaos y cubríos)

El Rector ordena a la secretaria general la lectura del acuerdo por el que se propone la concesión del Grado honorífico.

— *Lege Studii Generalis Civitatis Caesaraugustanae senatus-consultum.*

(Lee el Acuerdo del Consejo de Gobierno de la Universidad de Zaragoza)

Realizada la lectura, el Rector ordena a los padrinos:

— *Ite arcessite candidatum.*

(Id a buscar al candidato)

Los padrinos, precedidos por los maceros, van a buscar al candidato. Acude este, destocado, acompañado de sus padrinos, y saluda a la Presidencia con una inclinación de cabeza en el momento en que es nombrado por la secretaria general. Repite el saludo al Claustro y se sitúan, en pie, junto a su sitio en el estrado.

Finalizada la presentación, les dice el Rector:

— *Sedete.*

(Sentaos)

Y, dirigiéndose a los padrinos:

— *Pronuntietur a patronis laus candidati.*

(Hágase por los padrinos el elogio del candidato)

El profesor de la Facultad de Ciencias D. José Luis Serrano Ostáriz ocupará la Cátedra y pronunciará el elogio del candidato.

Finalizado el elogio, el Rector dice al Claustro y a los presentes:

— *Levate.*

(Levantaos)

Y pregunta al Claustro:

— *Conceditisne ut Dirk J. Broer Honoris Causa munia doctoris induatur?*

(¿Estáis de acuerdo con que Dirk J. Broer sea revestido con los atributos doctorales *honoris causa?*)

El Claustro responde:

— *Concedimus.*

(Lo estamos)

El Rector dice al candidato:

— *Auctoritate mihi concessa legibus Regni et Studii Generalis Civitatis Caesaraugustanae, tibi confero Gradum Doctoris*

Honoris Causa. Patroni insignibus doctoralibus te vestient et eorum significationem explicabunt.

(Por la autoridad que me otorgan las leyes del Reino y de la Universidad de Zaragoza, te confiero el grado de doctor *honoris causa*. Tus padrinos te investirán con las insignias doctorales y te explicarán su significado)

Y advierte a los presentes:

— *Sedete.*

(Sentaos)

Los padrinos y el candidato se disponen para la investidura, saludando con una inclinación de cabeza a la Presidencia.

El padrino principal muestra a su candidato el birrete, mientras dice:

— *Accipe pileum quo non solum splendore ceteros praecedas, sed quo etiam tamquam Minervae casside ad certamen munitior sis.*

(Recibe el birrete no solo para que sobresalgas de entre los demás, sino también para que estés mejor protegido en el combate, como con el casco de Minerva)

Le impone el birrete.

Mostrándole el libro abierto, dicen (los dos padrinos):

— *En librum apertum ut scientiarum arcana reseres.*

(He aquí el libro abierto, para que accedas a los secretos de las ciencias)

Mostrándoselo cerrado, dicen:

— *En clausum ut eadem prout oporteat intimo pectore custodias.*

(Helo cerrado, para que, según proceda, lo guardes en lo profundo del corazón)

Se lo entregan diciendo:

— *Do tibi facultatem legendi, intelligendi et interpretandi.*

(Te doy la facultad de enseñar, de comprender y de interpretar)

Padrinos y candidato se abrazan, vuelven a sus lugares y permanecen en pie.

Terminada la investidura del candidato, el Rector dice a los restantes:

— *Levate.*

(Levantaos)

Y dice a la secretaria general:

— *Lege promissum novo doctori.*

(Lee el juramento al nuevo doctor)

La secretaria general, mostrando los Estatutos de la Universidad de Zaragoza, pregunta al candidato:

— *Promittis observare et adimplere omnia et singula quae sequuntur?*

(¿Prometes observar y cumplir todas y cada una de las cosas que siguen?)

El candidato responde:

— *Sic promitto et sic volo.*

(Así prometo y quiero)

Y sigue la secretaria general:

— *Primo, semper et ubicumque fueris, iura et privilegia, honorem Studii Generalis Civitatis Caesaraugustanae conservabis et semper id iuvabis, favorem, auxilium et consilium praestabis in factis et negotiis universitatis quotiens fueris requisitus?*

(Y, en primer lugar, siempre y doquier estuvieras, ¿guardarás siempre los derechos y privilegios y el honor de la Universidad de Zaragoza y la ayudarás siempre y le prestarás tu concurso, apoyo y consejo en los asuntos y negocios universitarios tantas veces cuantas fueras requerido?)

El doctorando contesta:

— *Sic promitto et sic volo.*

(Así prometo y quiero)

El Rector añade:

— *Accipio promissum vostrum. Studium Generale Civitatis Caesaraugustanae testis est et iudex erit si fidem decederes.*

(Recibo tu promesa, la Universidad de Zaragoza es testigo y será juez si faltaras al compromiso)

La secretaria general nombra al nuevo doctor, que se acerca a la Mesa Presidencial para que el Rector le imponga la Medalla y le entregue el Título.

Vuelve a su sitio en el estrado.

A continuación el Rector dice:

— *Sedete.*

(Sentaos)

El Rector da la palabra al nuevo doctor.

— *Puede ocupar la Cátedra el Doctor Dirk J. Broer.*

El doctor *honoris causa,* acompañado por sus padrinos, ocupa la Cátedra y pronuncia su discurso.

Al finalizar la intervención del nuevo doctor, el Sr. Rector Magnífico toma la palabra.

Terminado su discurso, el Rector dice:

— *Pongámonos en pie para entonar el Gaudeamus Igitur.*

Terminado el *Gaudeamus Igitur,* el Rector clausura el acto.

ORDEN EN REDES DE POLÍMEROS

Dirk J. Broer

Fue en 1993 cuando inicié mi colaboración con la Universidad de Zaragoza. Junto con el profesor Serrano, comenzamos un exitoso proyecto europeo sobre cristales líquidos reactivos. Desde entonces han seguido muchos proyectos conjuntos, y la colaboración, primero desde los Laboratorios de Investigación de Philips y luego desde la Universidad Tecnológica de Eindhoven, con la Universidad de Zaragoza ha continuado hasta hoy. Por lo tanto, estoy enormemente honrado, orgulloso y, sobre todo, agradecido de que la Universidad de Zaragoza me otorgue el honor de este título de doctor *honoris causa.* Para expresar mi gratitud, ofreceré una visión general de treinta a cuarenta años de investigación en el campo de los cristales líquidos reactivos, donde nuestra colaboración fue tan exitosa.

Hasta la década de 1980, los materiales poliméricos, a menudo llamados *plásticos,* eran o amorfos, con las largas cadenas moleculares del polímero posicionadas y ordenadas de manera aleatoria, o cristalinos, con segmentos localmente bien ordenados, pero con poco control sobre los ejes cristalinos que no fuera mediante procesos de estirado. En este trabajo buscamos demostrar que el rango de aplicaciones de los polímeros puede expandirse de manera espectacular en los campos de la óptica y la mecánica al controlar el orden molecular, el empaquetado y la dirección, según lo definido por el parámetro de orden controlado por la posición. Las herramientas utilizadas son las propiedades de autoorganización de los cristales líquidos. Los cristales líquidos son conocidos por su comportamiento electroóptico, bien aplicado en pantallas LCD, televisores, computadoras, teléfonos móviles y *tablets*. En este ensayo, elucidaremos su implementación en materiales poliméricos, expandiéndonos a nuevos campos de la óptica y la mecánica, desde nuevas clases de óptica de difracción hasta recubrimientos hápticos (con efectos táctiles) y robótica blanda.

El término *cristal líquido* se refiere a materiales que exhiben organización orientacional o posicional a nivel molecular, como si fueran cristalinos, pero que aún tienen la suficiente libertad para fluir como un líquido. Esta fase específica entre sólido cristalino y líquido se denomina a menudo *fase mesomórfica* (*mésos* significa 'medio' o 'intermedio' en griego). Las fases mesomórficas se encuentran al fundir moléculas de bajo peso molecular que tienen una forma anisotrópica específica, como varillas moleculares o discos, o en soluciones de moléculas con una naturaleza anfipática. Las moléculas con forma de varilla, denominadas *calamíticas* en la literatura científica, se autoorganizan para formar una variedad de fases mesomórficas, incluyendo nemáticos o nemáticos quirales (unidimensionalmente ordenados, orden orientacional), numerosas variantes de fases esmécticas (bidimensionalmente ordenadas, orden orientacional y posicional) o geometrías más complejas como las fases azules o *bent-core.*

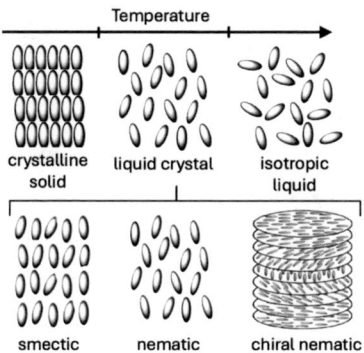

Las fases de cristal líquido fueron observadas por primera vez en 1888 por el botánico austríaco Friedrich Reinitzer mientras estudiaba el comportamiento de fusión inusual del benzoato de colesterilo que extrajo de las zanahorias. Con la ayuda del físico alemán Otto Lehmann, resolvieron la observación de un punto de fusión doble y designaron la nueva fase entre estos puntos como cristal líquido. Aunque las fases de cristal líquido molecularmente ordenadas se encontraron desde entonces en muchos materiales naturales, no fue hasta principios de la década de 1960 cuando los químicos de los laboratorios de RCA (Radio Corporation of America) Richard Williams y George Heilmeier descubrieron y aplicaron las respuestas electro-ópticas de los cristales líquidos que finalmente llevarían al desarrollo de las pantallas que conocemos hoy en nuestra vida diaria para televisores, computadoras portátiles y teléfonos móviles. Mientras tanto, sintetizaron nuevos materiales y mezclas que les permitieron observar la fase nemática a temperatura ambiente, en lugar de los materiales entonces existentes, que se fundían a temperaturas elevadas. Estas pantallas se basaban

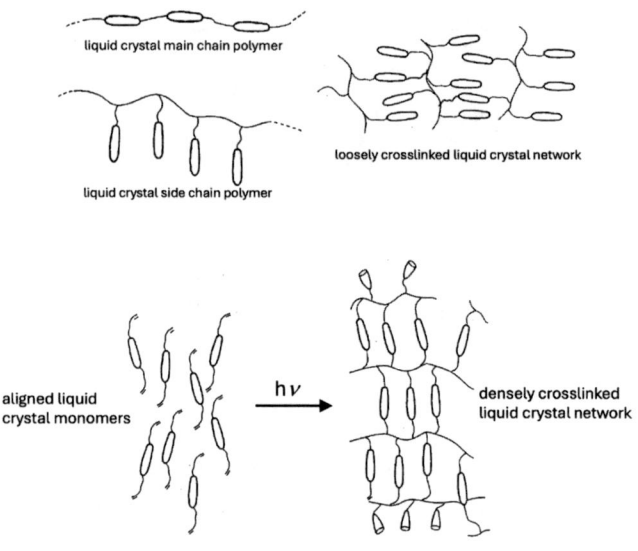

en efectos electrodinámicos con óptica de dispersión para hacer visibles las imágenes. La óptica de polarización que todos conocemos en las televisiones actuales fue introducida por Martin Schadt y Wolfgang Helfrich en 1970 mediante la orientación eléctrica de una mezcla de cristal líquido que presentaba una fase nemática quiral [Patente Roche CH532261 1970].

Junto con los avances en el mundo de las pantallas, un paso importante en la historia de los cristales líquidos fue la publicación del posterior premio nobel Pierre-Gilles DeGennes, quien predijo en sus ensayos teóricos nuevos fenómenos cuando las pequeñas varillas moleculares, como base de la fase de cristal líquido, se conectan para formar un polímero [Phys Lett A. 1969;28(11):725-726]. A partir de estos desafíos, Helmuth Ringsdorf y Heino Finkelmann en Maguncia, y más tarde en Friburgo, ini-

28

ciaron sus estudios sobre polímeros con moléculas en forma de varilla conectadas como grupos laterales a una cadena principal de polisiloxano o poliacrilato [Makromol Chem. 1978;179(1),273]. En una fase posterior, fueron moderadamente reticulados después de ser estirados para formar un elastómero orientado (caucho) que podía cambiar de dimensiones por fuerza mecánica, calor o luz. Entre otros fenómenos, esto condujo a la llamada *elasticidad suave,* que está ampliamente documentada en el libro de Mark Warner y Eugene Terentjev [OUP Oxford, 2007. ISBN, 0199214867, 9780199214860]. La elasticidad suave es la propiedad de deformar y cambiar la forma de los polímeros en ausencia de una fuerza considerable.

Fue alrededor de 1985 cuando, en los Laboratorios de Investigación de Philips, desarrollamos el proceso de reticulación *in-situ* de monómeros de acrílicos de etilenglicol usando la fotopolimerización de monómeros cristalinos líquidos en su estado completamente alineado. La motivación directa para desarrollar este proceso fue un problema con la fabricación de fibras ópticas de telecomunicaciones. La gran diferencia en la expansión térmica entre la fibra óptica de sílice y sus recubrimientos orgánicos protectores generaba grandes fuerzas compresivas al enfriar la fibra de sílice desde su temperatura de recubrimiento hasta la temperatura ambiente. Esto producía inestabilidades mecánicas como el pandeo, lo que daba lugar a pérdidas ópticas y a menores intensidades de señal. En su fabricación, la fibra de sílice se estira a partir de un preformado con la estructura de índice refractivo escalonado necesaria para la reflexión óptica total dentro de la fibra. Justo después de estirarla, la fibra se protege con dos recubrimientos curables con luz UV para preservar la alta resistencia de la sílice. El primer recubrimiento

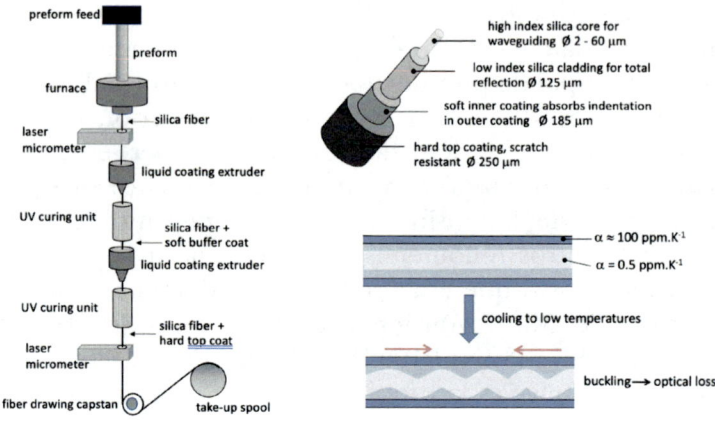

es suave, el segundo tiene un módulo elástico alto. Esta combinación de recubrimientos proporciona una protección máxima contra la abrasión y las fuerzas normales que crearían tensiones y puntos débiles en la resistencia de la fibra.

La velocidad de estiramiento de la fibra supera los 10 m.s^{-1}, al igual que la extrusión de recubrimiento relacionada; por lo tanto, la viscosidad del recubrimiento antes del curado debe ser baja y el curado debe realizarse en fracciones de segundo. Los compuestos de monómeros y oligómeros acrílicos de poliuretano proporcionaron el recubrimiento deseado y la velocidad de curado necesaria. Sin embargo, al enfriarse, el recubrimiento superior duro se contrae más rápido que el núcleo de sílice, lo que provoca inestabilidades de pandeo en la fibra, y ello conduce a un aumento de las pérdidas ópticas.

Para resolver esto, se necesita un material de recubrimiento que tenga una viscosidad relativamente baja durante la extrusión, que cure rápidamente y que tenga una

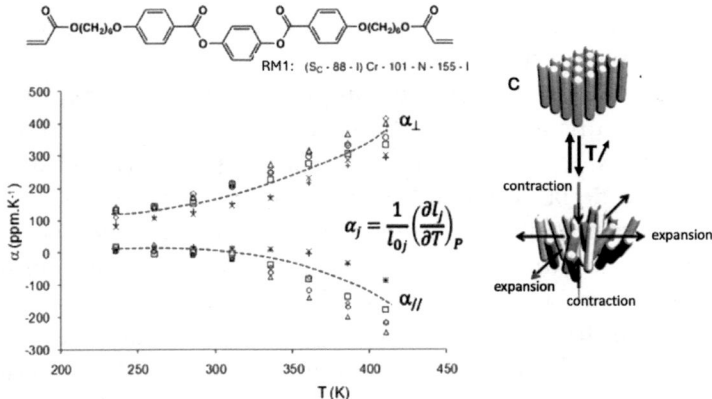

RM1: (S$_C$ · 88 · I) Cr · 101 · N · 155 · I

$$\alpha_j = \frac{1}{l_{0j}}\left(\frac{\partial l_j}{\partial T}\right)_P$$

expansión térmica cercana a cero a lo largo del eje de la fibra. Para ello, desarrollamos nuestro primer diacrilato de cristal líquido, RM1 [Makromol. Chem. 1989, 1990]. Esta molécula tiene una amplia fase nemática, un peso molecular relativamente bajo y, cuando se procesa entre 100 y 120 °C, una baja viscosidad. En su estado nemático, el monómero se alinea macroscópicamente por cizallamiento en la extrusora de recubrimiento. La alineación molecular se conserva permanentemente mediante una fotopolimerización ultrarrápida que forma la red polimérica. En el estado alineado, la expansión térmica lineal $\alpha_\perp$ medida ortogonal al director es positiva y relativamente alta. Cuando se mide en paralelo al director, que es la dirección relevante para esta aplicación de fibra, $\alpha_{//}$ está cerca de cero desde -40 °C hasta la temperatura ambiente. Al calentarse más, superando la temperatura de transición vítrea del recubrimiento, $\alpha_{//}$ se vuelve negativa. En consecuencia, al enfriarse desde la temperatura de extrusión y curado del recubrimiento, el recubrimiento se expande a lo largo del eje de la fibra en lugar de contraerse, resolviendo así el problema de la deformación de la fibra.

La explicación de este comportamiento de expansión térmica anisotrópica es doble. En primer lugar, la mayoría de los enlaces covalentes de la red polimérica están a lo largo de la dirección de orientación. Los enlaces covalentes son menos sensibles a la temperatura que las distancias de Van der Waals, que son predominantemente ortogonales a los ejes largos de las unidades calamíticas; y en segundo lugar, aún más importante, el grado de orden disminuye durante el calentamiento. La introducción de desorden provoca contracción en paralelo y expansión ortogonal al director.

En este ejemplo de recubrimiento de fibra óptica, la alineación molecular se logra mediante el cizallamiento durante el proceso de extrusión. Sin embargo, también se desarrollaron diversas técnicas de alineación para cristales líquidos de bajo peso molecular destinados a los próximos *displays* de cristal líquido. La anisotropía dieléctrica del cristal líquido permite la conmutación y la alineación mediante campos eléctricos, similar a la alineación magnética basada en la anisotropía diamagnética de las moléculas calamíticas. Convenientemente, las moléculas se alinean en una interfaz anisotrópica, como la formada al pulir suavemente un recubrimiento o sustrato de polímero. El mecanismo aún está en debate, pero generalmente se explica por la combinación de interacciones dispersivas anisotrópicas y la elasticidad de los cristales líquidos, lo que elimina la flexión del director molecular en una superficie acanalada.

Las superficies tratadas con surfactantes proporcionan una alineación molecular perpendicular (homeotrópica). Más recientemente, se han introducido técnicas de

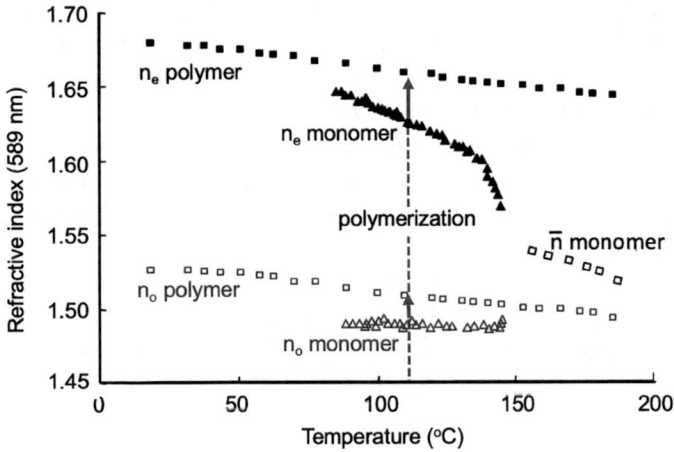

fotoalineación basadas en la creación de una superficie de sustrato anisotrópica mediante la exposición a luz ultravioleta polarizada. Cuando se aplica en superficies con anisotropía molecular o nanoacanaladuras, el monómero reactivo del cristal líquido se alinea uniaxialmente en paralelo a la dirección predefinida. Al estar en contacto con dos superficies con tratamientos superficiales diferentes, se pueden obtener disposiciones moleculares espaciales más complejas, como la alineación torsionada o extendida.

Después de haber establecido la alineación molecular deseada en el estado monomérico, esta se fija mediante el fotoentrecruzamiento. Debido a este entrecruzamiento, los polímeros obtenidos ya no forman mesofases, porque su orden fijado dificulta tanto la cristalización a bajas temperaturas como la formación de una fase líquida isotrópica a altas temperaturas. Sin embargo, debido al orden inicial congelado del cristal líquido, todavía se les denomina *redes de cristal líquido* (LCNs, por sus siglas en inglés). Las transiciones de fase pueden habilitarse copolimerizando los diacrilatos con monómeros reductores de la densidad de entrecruzamiento, formando finalmente elastómeros de cristal líquido (LCEs) con una movilidad rotacional más alta de sus unidades mesogénicas y la capacidad de experimentar transiciones de fase de cristal líquido.

El control sobre la alineación cercana a la perfección de la red de cristal líquido, combinada con su transparencia óptica, condujo a una variedad de interesantes propiedades ópticas. En general, las redes de polímeros anisotrópicos son altamente birrefringentes, con una gran diferencia entre el índice de refracción extraordinario (n_e) y el índice de refracción ordinario (n_o), medidos respectivamente para la luz polarizada paralela y perpendicular al director.

La birrefringencia del RM1 polimerizado alcanza un valor de 0.16 y es relativamente independiente de la temperatura. Esta anisotropía óptica sirve como base para numerosos dispositivos ópticos, que van desde divisores de haz polarizados y rejillas de polarización hasta lentes multifocales y óptica de difracción compleja. Además, las propiedades ópticas de polarización son bastante similares a las de los cristales líquidos que se utilizan en las pantallas de cristal líquido actuales, lo que hace que las películas de polímero sean de especial interés para la óptica de compensación con el fin de mejorar los ángulos de visión y el brillo a la luz del día de las pantallas. Además, debido a las coincidencias en los índices de refracción con las mezclas de cristal líquido, las redes de polímeros se utilizan para estabilizar la alineación de las pantallas de cristal líquido verticalmente alineadas con cinética de cambio mejorada.

RM257
19: Cr - 73 - N - 129 - I

Cr - (N - 44) - 76 - I

RM62
2: Cr - 86 - N - 116 - I

Cr - 54 - N - 67 - I

39: Cr - 45 - CH - 55 - I

Desde la introducción de RM1, literalmente se han sintetizado cientos de variaciones en su estructura con una amplia variedad en propiedades monoméricas y poliméricas [J. Lub, D. J. Broer, Cross-Linked Liquid Crystalline Systems: From Rigid Polymer Networks to Elastomers, Eds: D. J. Broer, G. P. Crawford, S. Žumer, CRC Press, Boca Raton, FL, USA 2011, Ch. 1, p. 3]. En la literatura científica destacan dos monómeros, comercializados por la compañía Merck: RM62 y RM257. La sustitución metílica en el anillo central introduce asimetría, lo que les confiere temperaturas de fusión razonables, lo cual es importante para el procesamiento. Para aplicaciones prácticas, se utilizan mezclas de monómeros para beneficiarse de las propiedades eutécticas, permitiendo el procesamiento de los monómeros a temperatura ambiente y optimizando las propiedades del polímero, como el módulo elástico y la temperatura de transición vítrea.

Al introducir un centro quiral en la estructura molecular, la morfología del polímero se vuelve más compleja. Como ya se ha demostrado para los cristales líquidos de bajo peso molecular, las moléculas adoptan una organización helicoidal. En el caso de los monómeros de cristales líquidos quirales funcionalizados con acrilato, la estructura molecular helicoidal queda fijada en la película de po-

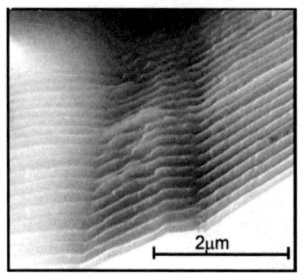

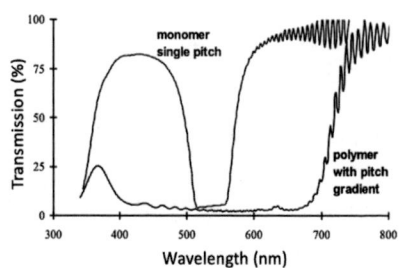

límero reticulado sólido. Las entidades moleculares en forma de varilla describen una hélice con el eje de la hélice perpendicular al sustrato y una periodicidad de una rotación completa de 2π a lo largo de una longitud de paso p. Cuando la longitud de paso alcanza el orden de la longitud de onda de la luz, la modulación periódica del índice de refracción conduce a la reflexión de la luz circularmente polarizada con una longitud de onda $\lambda = n_{av} \cdot p$, donde n_{av} es el índice de refracción promedio $(n_o + n_e)/2$, siguiendo los principios de interferencia constructiva y destructiva de tipo Bragg [H.L. de Vries, Acta Cryst. 1951].

El sentido de la luz reflejada polarizada circularmente corresponde al sentido de la hélice molecular. Este polímero quiral en sí mismo ya es un componente óptico polarizante. Sin embargo, para una aplicación en pantallas, el recubrimiento tiene un valor limitado debido a su pequeño ancho de banda. El ancho de banda escala con la birrefringencia Δn y suele estar del orden de 40 a 60 nm, mientras que para las pantallas de cristal líquido se desea la cobertura completa del espectro visible. De nuestra investigación, parecía que se podía encontrar una solución creando un gradiente de paso p sobre la sección transversal de la película. Al comenzar con una mezcla de un monómero quiral reactivo y un monómero no quiral menos reactivo, creando un gradiente en la intensidad de la luz sobre la sección transversal de la película, se inducía la difusión del componente quiral hacia la fuente de luz y la contra-difusión del componente no quiral.

La imagen del microscopio electrónico de barrido muestra el gradiente del paso, demostrado por el aumento de las distancias entre capas de arriba abajo. La estrecha banda de reflexión del estado monomérico se amplía significativamente cuando el monómero se convierte en polímero en condiciones de gradiente y cubre todo el espectro visible, donde la sección de paso mayor refleja luz roja polarizada que gradualmente va a longitudes de onda más cortas hasta que la sección de paso menor refleja luz azul polarizada. Al recubrir la capa nemática quiral con una capa de mesógeno reactivo con retardo óptico (espesor x birrefringencia) de un cuarto de longitud de onda se produce luz polarizada lineal. Las películas reflectantes de polarización ancha obtenidas mejoran el brillo de las pantallas de cristal líquido cuando se desplazan entre la fuente de luz y la película polarizadora al reducir la absorción de las convencionales películas polarizadoras absorbentes.

La introducción de la quiralidad en el monómero de cristal líquido y la organización helicoidal resultante de las unidades calamíticas crean una simetría en el plano y un componente anisotrópico fuera del plano. En consecuencia, cuando se reduce el parámetro de orden de la película quiral, esto lleva a una expansión significativa perpendicular al plano de la película y a una expansión cercana a cero, o incluso ligeramente negativa a temperaturas más altas, en el plano de la película. Esto se hace visible cuando el parámetro de orden disminuye durante el calentamiento. Pero el mismo efecto también se puede obtener mediante procesos fotoquímicos, como la isomeri-

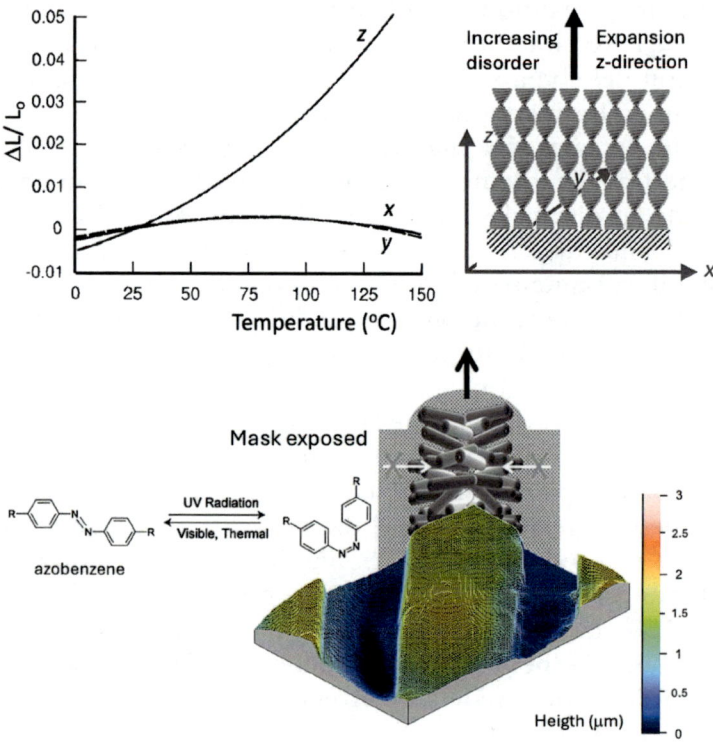

zación trans a cis de moléculas basadas en azobenceno. El estado lineal del estado trans se ajusta al carácter tipo varilla de las moléculas mesogénicas. Sin embargo, la estructura angular del estado cis del azobenceno no permite el estado bien alineado de la red de cristal líquido y perturba el orden. Ya con un pequeño porcentaje de un componente de azobenceno copolimerizado en una red polimérica nemática es suficiente para que el polímero se expanda perpendicularmente al director y se encoja paralelamente a él bajo la acción de la luz ultravioleta.

En el caso del orden quiral-nemático, la red se expande a lo largo de los ejes de la hélice, que aquí están orientados perpendicularmente al plano de la película o recubrimiento. En la dirección perpendicular al eje de la hélice, la expansión y contracción se contrarrestan, ya que ambas orientaciones están igualmente presentes. El uso de la luz permite una exposición local. Cuando la superficie se expone a través de una máscara utilizando luz de 365 nm, se forman corrugaciones locales en la superficie. Pueden ser borradas mediante la exposición a la luz de 455 nm, devolviendo el azobenceno a su estado trans. O con el tiempo, cuando el azobenceno vuelve a relajarse mediante procesos térmicos.

Hasta ahora, en las discusiones los ejes de la hélice de los recubrimientos de red polimérica quiral-nemática se eligieron ortogonales al sustrato y a la interfaz de aire. Bajo condiciones de un fuerte alineamiento superficial homeotrópico y una hélice ajustada, los ejes de la hélice pueden ser controlados para orientarse paralelamente al sustrato. En ese caso, las hélices se organizan espontáneamente en un patrón denominado *huella dactilar*. Impulsado por las propiedades elásticas del monómero de cristal líquido y la diferencia de energía superficial entre la orientación paralela y homeotrópica de las moléculas del monómero, se forma un pequeño patrón superficial con diferencias de altura de unos pocos nanómetros.

Cuando este patrón de huella dactilar, en presencia del componente de azobenceno copolimerizado, se expone a la luz ultravioleta, las áreas homeotrópicas periódicas se contraen y las áreas planas se expanden, formando así corrugaciones en la superficie. El recubrimiento cambia de ser casi plano a estar estructurado topográficamente, lo que modifica drásticamente las propiedades de fricción de la superficie. La fricción contra un objeto pla-

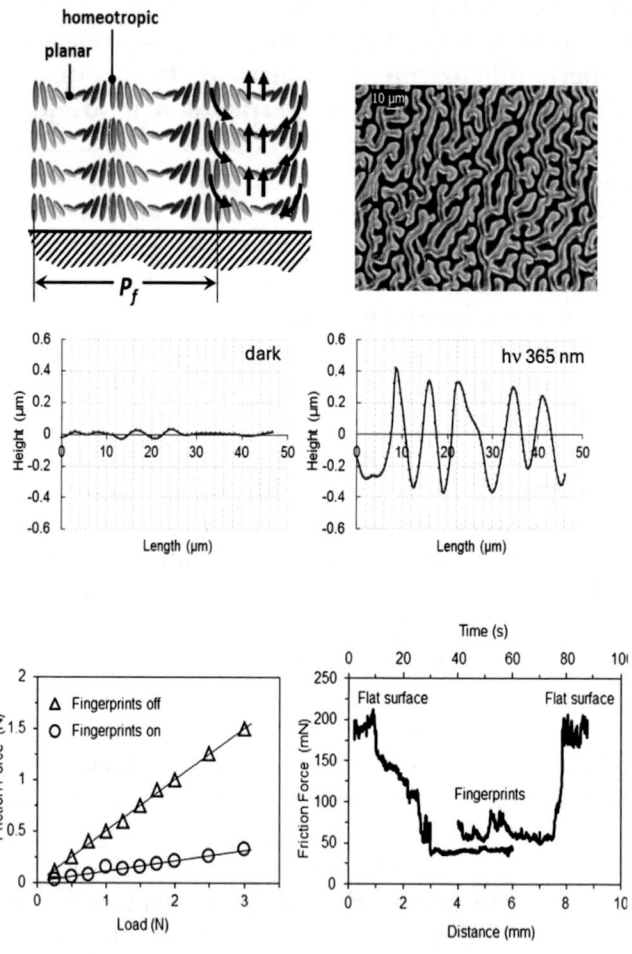

no, como una placa de vidrio, disminuye cuando se activan las corrugaciones, lo que se puede explicar por una reducción en el área de contacto. Pero, para nuestra sorpresa, incluso cuando dos texturas de huellas dactilares

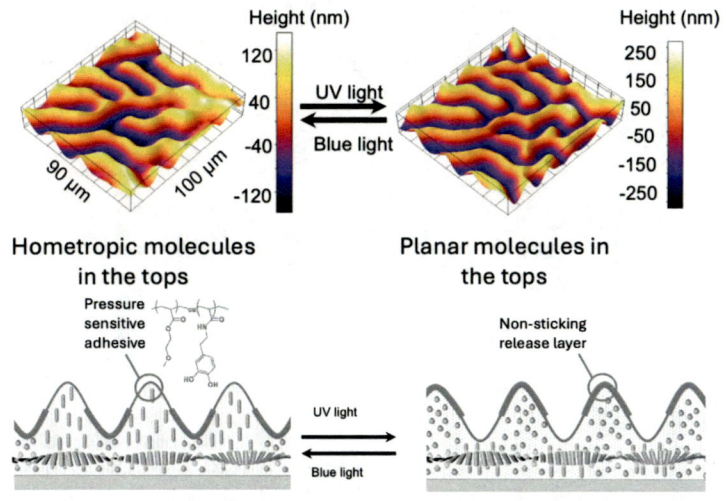

se presionan entre sí, el coeficiente de fricción disminuye en el estado activado. Esto se puede explicar para estructuras de huellas dactilares que tienen una altura precisa y están distribuidas de manera totalmente aleatoria en el plano de la película, de modo que las superficies se deslizan entre sí sin anclaje indentado. Tan pronto como se introduce alguna orientación de las corrugaciones mediante la alineación de las huellas dactilares, la fricción puede aumentar dependiendo de la dirección del deslizamiento.

Las capas de huellas dactilares se crean, ya sea mediante la aplicación de un recubrimiento giratorio en un solo sustrato o mediante el curado entre dos superficies de vidrio. En consecuencia, tienen una superficie plana que forma corrugaciones solo cuando se activa. Sin embargo, para aplicaciones específicas, podría ser beneficioso contar con un estado inicial que ya esté co-

41

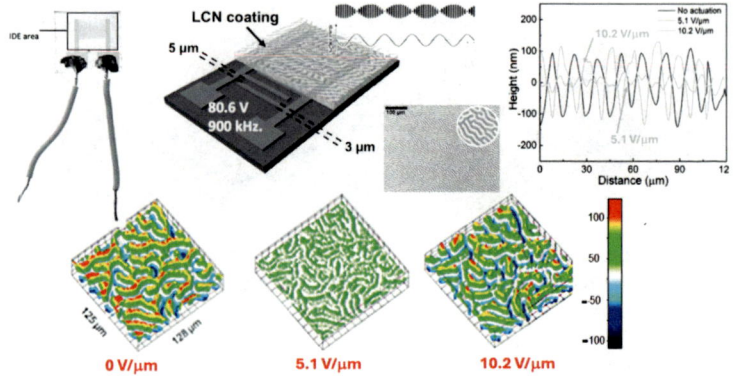

rrugado antes de que ocurra la activación. Para controlar esta topografía superficial inicial, se puede introducir una difusión inducida por reacción, similar al proceso para crear el gradiente de paso en el polarizador de banda ancha quiral-nemático. Sin embargo, aquí la difusión ocurre en la dirección lateral, durante la cual se elevan áreas tanto homeotrópicas como planas. Ambas parecen ser posibles mediante la creación de diferencias en la velocidad de polimerización local. La adición de un tinte dicroico absorbe la luz ultravioleta en el área plana y transmite la luz ultravioleta en el área homeotrópica. Esto disminuye la velocidad de polimerización en el área plana de la huella dactilar y, en consecuencia, promueve la difusión del material hacia el área homeotrópica de la película. Por otro lado, cuando se utiliza un fotoiniciador dicroico, con el momento de transición paralelo a su eje largo, la velocidad de reacción es mayor en las áreas planas. La difusión del monómero durante la fotopolimerización eleva las áreas planas de la huella dactilar.

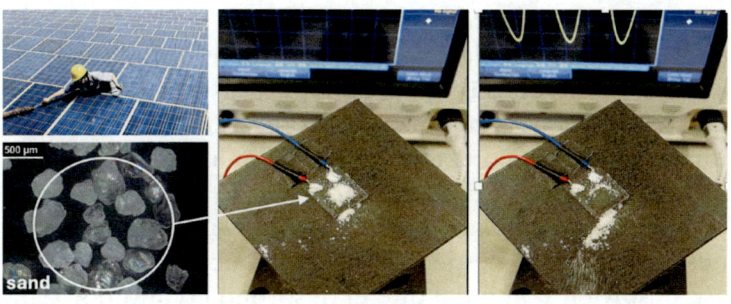

Esto proporciona un método para elegir la propiedad superficial del recubrimiento inicial, con la organización homeotrópica en la parte superior de las colinas y las áreas planas en los valles, o simplemente lo contrario, con moléculas planas en las colinas y moléculas homeotrópicas en los valles. Hay que tener en cuenta que cualquier objeto en contacto con estas superficies siente predominantemente las partes superiores, que pueden tener propiedades diferentes a las indentaciones. Al hacer que estos recubrimientos sean fotosensibles mediante el uso de azobenceno copolimerizado, la superficie puede alternar entre los dos estados, como, por ejemplo, entre pegajoso y no pegajoso. Esta estructura ha demostrado levantar un bloque de cobre por simple contacto, transportarlo y liberarlo mediante iluminación ultravioleta. Al elegir la capa sensible a la presión adecuada en las partes superiores de las huellas dactilares, este proceso funciona incluso bajo el agua.

Anteriormente, ya vimos que los cristales líquidos de bajo peso molar pueden cambiar mediante un campo eléctrico. En una pantalla de cristal líquido, las moléculas calamíticas pueden hacer una rotación completa al alinearse con sus dipolos a lo largo de las líneas del campo provenientes de un estado controlado por la alineación superficial. En una red de cristal líquido, la rotación completa de las moléculas mesogénicas no es posible debido a la estructura de la red. Sin embargo, las entidades moleculares dieléctricamente anisotrópicas interactúan con un campo eléctrico externo, especialmente en el caso de un campo AC de cambio rápido. La parte calamítica de la red responde mediante pequeñas pero rápidas deflexiones rotacionales desde su posición inicial, induciendo, así, desorden y, al igual que el desorden creado por temperatura o luz, la red se expande perpendicular al director y se contrae paralela a él. Esto llevó a una variedad de patrones de director que permitieron la formación dinámica de elementos topográficos en las superficies de recubrimiento mediante campos eléctricos AC. Aquí, en línea con la historia hasta ahora, nos enfocaremos en el cambio de una textura de huella dactilar quiral-nemática preestructurada. Para esta aplicación, la huella dactilar se aplica en una superficie provista de electrodos entrelazados. Las partes superiores y los valles de las huellas dactilares cambian al activar y desactivar el campo AC, o, cuando se desea, la película puede llevarse a un estado plano ajustando el voltaje.

Nuevamente, los diferentes estados de corrugación en la superficie modulan la fricción en la misma, pero, cuando la frecuencia del interruptor alcanza el orden de los megahercios, la superficie puede incluso generar ondas de sonido y se ha demostrado que elimina partículas de arena, eventualmente con algo de ayuda de la gravedad. Dado que los recubrimientos son completamente transparentes para la luz visible y cercana al infrarrojo, permitiendo el paso de la luz solar, se abre la posibilidad de crear superficies autolimpiantes, por ejemplo, para ser utilizadas en paneles solares en ubicaciones de difícil acceso.

Hasta aquí, la discusión se centraba en recubrimientos de redes de cristal líquido adheridos firmemente a su sus-

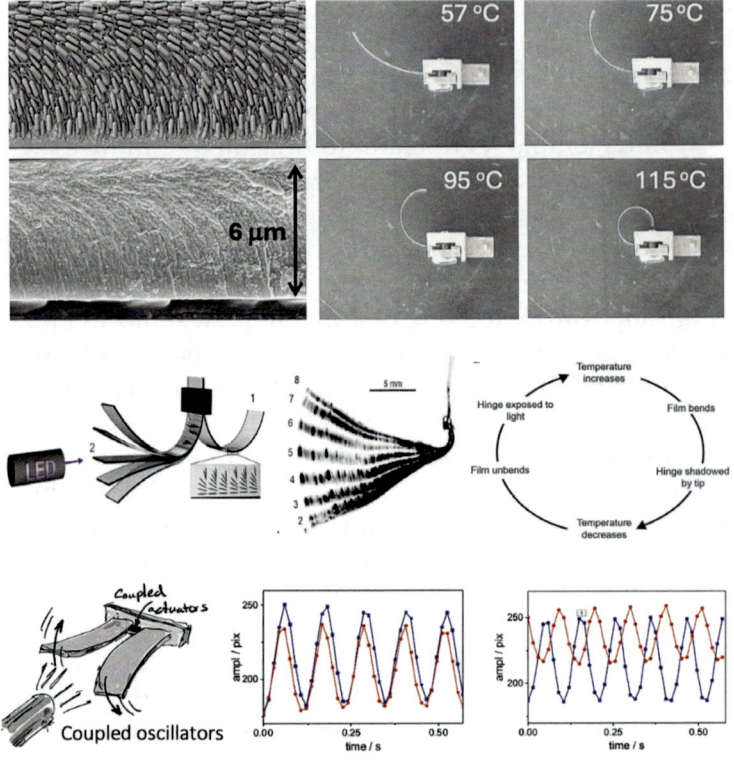

trato. Alternativamente, podemos fabricar películas independientes con los mismos materiales al retirarlos cuidadosamente de su sustrato. Se vuelve interesante cuando la alineación molecular varía a lo largo de la sección transversal de la película. La respuesta a las modulaciones en el orden molecular, inducidas por la temperatura, la luz o el campo eléctrico, dará lugar a un comportamiento adverso en los lados opuestos de la película. Un ejemplo es una película desplegada en la que el director cambia de para-

45

lelo en una superficie a homeotrópico en la otra. Al calentarse, el lado plano se contrae, mientras que el otro lado se expande, y en consecuencia se induce una fuerte flexión, análoga a la flexión de un termostato bimetálico.

Como ejemplo, el doblado fototérmico se induce mediante la exposición de luz focalizada en una película modificada con una pequeña concentración de un colorante disuelto en la red polimérica. El doblado ocurre en la posición del punto de luz como si hubiera una bisagra localizada. Curiosamente, el doblado crea sombras en la bisagra y el enfriamiento local inhibe un mayor doblado. A medida que la película se relaja en la oscuridad, se expone nuevamente, y la repetición de este proceso crea una oscilación. La oscilación adapta la frecuencia natural de la película, que experimenta fuerzas periódicas dinámicas mediante la exposición y no exposición de la bisagra. El proceso se puede describir mediante la mecánica clásica, incluyendo las dimensiones de la película, la densidad y la inercia. En un caso especial, varias películas oscilantes pueden acoplarse a través de un puente polimérico, causando sincronización a pesar de las diferencias en las dimensiones o composición de la película. Esto lleva a nuevos conceptos en materiales de comunicación y funciones robóticas.

Continuando con el concepto de transformación o mutación de forma, en la cual la respuesta elimina su propia fuente de transformación o mutación de forma, las películas se preparan en una onda continua impulsada por la luz. La superficie de la onda es capaz de transportar material o, cuando se lleva a una inestabilidad, arrojar material mediante un mecanismo de pandeo rápido conocido como *snap-through*. La dirección de la onda depende de si la fuente de luz incide en el lado homeotrópico o en el lado plano de la película expandida.

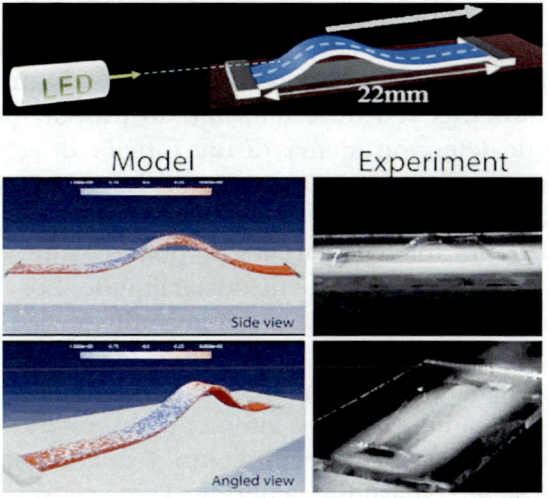

Los ejemplos en este ensayo muestran el gran potencial de las redes de cristal líquido en relación con la óptica y la mecánica. Desde su introducción en la década de 1980, muchos institutos han iniciado programas de investigación y actualmente el campo está en pleno auge, como lo demuestran las conferencias científicas dedicadas a los aspectos ópticos y mecánicos de las redes de cristal líquido. Se están desarrollando diversas ópticas nuevas en ámbitos académicos e industriales mediante la combinación de una fotoalineación compleja de los monómeros de cristal líquido con nuevos materiales de alto índice y quiralidad. Nuevas aplicaciones en astronomía, realidad virtual/aumentada y comunicación están a la vanguardia del desarrollo de nuevos materiales, como se demostró recientemente en la conferencia PhoSM2023. Las respuestas mecánicas de los materiales son de suma importancia para nuevas aplicaciones, como la robótica blanda, donde los materiales son capaces de realizar deformaciones complejas. Los efectos de los recubrimientos de cristal líquido son relevantes para las interacciones humano-máquina, donde la red de cristal líquido proporciona una función de detección además de una función de actuación, como se concluyó recientemente en la conferencia IL-CEC2023. Es importante mencionar aquí que en este ensayo se hizo hincapié en las redes de polímeros producidas solo a partir de monómeros de cristal líquido. Los desarrollos recientes en el campo han demostrado que la creación de precursores oligoméricos mediante reacciones de adición de Michael de monómeros de cristal líquido con extensores de cadena de tiol o amina puede conducir a nuevas posibilidades en procesamiento y aplicaciones. Por ejemplo, la reología ajustada permite la impresión 3D para producir nuevos componentes y dispositivos, como robots blandos, y, mientras que la morfología de las redes de monómeros de cristal líquido puro dependen de cambios en el parámetro de orden mientras se conserva el orden del cristal líquido, los productos basados en oligómeros pueden experimentar la transición de fase completa desde el cristal líquido hasta la fase isotrópica, lo que lleva a deformaciones importantes. Se puede concluir que, para los productos ópticos, el enfoque se centra más en las redes de cristal líquido, como se describe en este ensayo, mientras que, para las aplicaciones mecánicas, como en la robótica, las redes basadas en oligómeros se vuelven cada vez más atractivas. Los revestimientos deformables en la superficie, como los utilizados para la háptica y las interacciones humano-máquina, pueden beneficiarse de ambos enfoques según las amplitudes deseadas y las propiedades ópticas como la transparencia.

La tecnología de mesógeno reactivo y su control sobre la organización molecular y el director escalar local en una red de polímeros ha demostrado su funcionalidad desde su introducción en 1985 con la ayuda de muchos científicos e ingenieros industriales de todo el mundo, demasiados para ser reconocidos individualmente. Se mencionaron algunos nombres en la introducción, los cuales quiero recordar, ya que sentaron las bases sobre las cuales se construyó nuestro trabajo.

ORDER IN POLYMER NETWORKS

Dirk J. Broer

It was in 1993 when I started my collaboration with the Universidad de Zaragoza. Together with Prof. Serrano I initiated a successful European project on reactive liquid crystals. Since then, many joint projects followed, and the collaboration between me, first at the Philips Research Laboratories and later at the Eindhoven University of Technology, and the Universidad de Zaragoza continued until today. I am therefore enormously honored, proud, and above all thankful, that the Universidad de Zaragoza grant me the honor to award me this Honoris Causa Doctoral degree. To express my gratitude, I will give an overview of 30 to 40 years of research in the field of reactive liquid crystals where our collaboration was so successful.

Until the 1980s, polymer materials, often referred to as plastics, were either amorphous, with the long molecular chains of the polymer randomly positioned and ordered, or crystalline with locally well-ordered segments but with little control over the crystal axes other than by drawing or stretching. In this lecture, we aim to demonstrate that the application range of polymers can be expanded spectacularly in the fields of optics and mechanics by controlling molecular order, packing and direction, as defined by the position-controlled scalar order parameter. The tools that are used are the self-organizational aspects of liquid crystals. Liquid crystals are well known for their electro-optical behavior well-applied for LCD displays, televisions, computers, mobile phones, and tablets. In this essay, we will elucidate their implementation into polymer materials, expanding into new fields of optics and mechanics, ranging from new classes of diffraction optics to haptic coatings and soft robotics.

The term "liquid crystal" refers to materials that exhibit orientational or positional organization at the molecular level, as if they were crystalline, but still have enough freedom to flow like a liquid. This specific phase between crystalline solid and liquid is often referred to as the mesophase (mésos is middle or in-between in Greek). Mesophases are found when melting low-molar mass molecules that have a specific anisotropic shape, such as molecular rods or discs, or in solution of molecules with an amphipathic nature. Rod-shaped, in scientific literature referred to as calamitic molecules, self-organize to form a variety of mesophases including nematic or chiral nematic (one dimension of order, orientational order), numerous variants of smectic (two dimensions of order, orientational and position), or more complex geometries such as the blue or bent core phases.

Liquid crystal phases were already observed in 1888 by the Austrian botanist Friedrich Reinitzer while studying the unusual melting behavior of cholesteryl benzoate that he extracted from carrots. With the help of the German physicist Otto Lehmann, he resolved the observation of a double melting point and denoted the new phase between

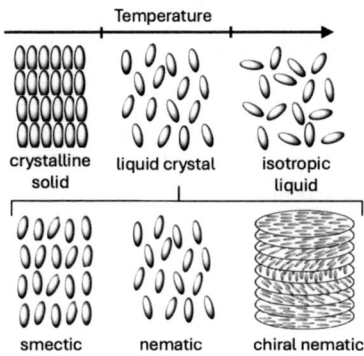

these points as liquid crystal. And although the molecularly ordered liquid crystal phases were since then found in many natural materials, it would take until the early 60's of last century that chemists from RCA laboratories [Richard Williams, George Heilmeier] discovered and applied the electro-optical responses of liquid crystals that would ultimately lead to the development of the displays as we know now in our daily life for television, laptop computer and mobile phone. Meanwhile they synthesized new materials and mixtures that enable them to observe the nematic phase at room temperature rather than the then current materials that melt at elevated temperatures. These displays were based on electrodynamic effects with scattering optics to make images visible. The polarization optics as we all known for the present televisions were introduced by Martin Schadt and Wolgang Helfrich in 1970 by electrically addressing a liquid crystal mixture in their twisted nematic mode [Roche patent CH532261 1970].

Next to the developments in the display world, an important step in the history of liquid crystals were the

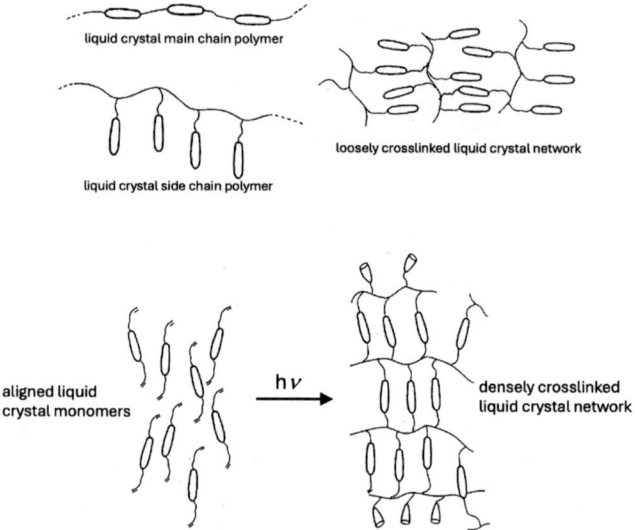

liquid crystal main chain polymer

liquid crystal side chain polymer

loosely crosslinked liquid crystal network

aligned liquid crystal monomers

hν

densely crosslinked liquid crystal network

publications of the later Nobel Prize laureate Pierre-Gilles DeGennes who predicted in his theoretical essay's new phenomena when the small molecular rods, as the base of the liquid crystal phase, are connected to form a polymer [Phys Lett A. 1969;28(11):725–726]. Based on these challenges, Helmuth Ringsdorf and Heino Finkelmann in Mainz, and later Freiburg initiated their studies on polymers with the rod-shaped molecules connected as side groups to a poly(siloxane) or poly(acrylate) main chain [Makromol Chem. 1978;179(1),273].

In a later phase they were moderately crosslinked after being stretched to form an oriented elastomer (rubber) that could change dimensions by mechanical force, heat or light. Among other phenomena, this led to so-called soft elasticity which is extensively documented in the book of Mark Warner and Eugene Terentjev [OUP

Oxford, 2007. ISBN, 0199214867, 9780199214860]. Soft elasticity is the property to deform and morph polymers in the absence of any considerable force.

It was around 1985 that we, within Philips Research Laboratories, developed the process of in-situ crosslinking of liquid crystal di-acrylate monomers using photopolymerization of aligned liquid crystalline monomers in their fully aligned state. The direct motivation to develop this process was a problem with the fabrication of optical telecommunication fibers. The large mismatch in thermal expansion between the silica optical fiber and its protective organic coatings led to large compressive forces upon cooling of the silica fiber from its coating temperature to ambient. This generates mechanical instabilities such as buckling, leading to optical losses and lower signal strengths. In its fabrication, the silica fiber is drawn from a preform with the scaled refractive index structure needed for total internal reflection optics. Directly after drawing, the fiber is protected by two UV curable coatings to preserve the high silica strength. The first coating is soft, the second has a high elastic modulus. This combination of coatings provides maximum protection against abrasion and normal forces which would directly create stresses and weak spots in the fiber strength.

The fiber drawing speed exceeds 10 m.s^{-1}, as is the related coating extrusion, therefore the viscosity of the coating prior to curing must be low and curing must proceed in sub-seconds. Composites of polyurethane acrylate monomers and oligomers gave the desired coating and curing performance. However, upon cooling the hard top coating shrinks faster than the silica core which leads to buckling instabilities of the fiber which subsequently lead to an increase of the optical losses.

55

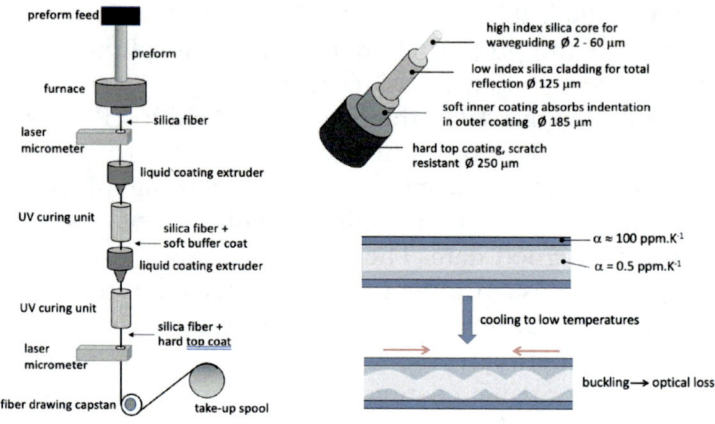

To solve this, a coating material is needed that has a relatively low viscosity during extrusion, fast curing and a close to zero thermal expansion along the fiber axis. Thereto, we developed our first liquid crystal diacrylate RM1 [Makromol. Chem. 1989, 1990]. This molecule has a broad nematic phase, the molecular weight is relatively low and when processed between 100 and 120 °C a low viscosity. In its nematic state, the monomer macroscopically aligns by shear in the coating extruder. The molecular alignment is permanently preserved by an ultra-fast photopolymerization forming the polymer network. In the aligned state the linear thermal expansion $a_\perp$ measured orthogonal to the director, is positive and relatively high. When measured parallel to the director, which is the relevant direction for this fiber application, $a_{//}$ is close to zero from −40 °C to room temperature. When heated further, exceeding the coating glass transition temperature, $a_{//}$ becomes negative. Consequently, upon cooling from the coating extrusion and curing temperature, the coating

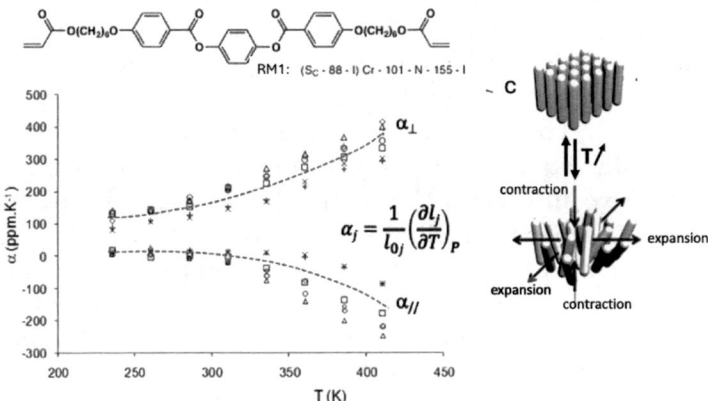

RM1: (Sc · 88 · I) Cr · 101 · N · 155 · I

$$\alpha_j = \frac{1}{l_{0j}}\left(\frac{\partial l_j}{\partial T}\right)_P$$

expands along the fiber axis rather than shrinking and solves the problem of fiber buckling.

The explanation for this anisotropic thermal expansion behavior is twofold. Firstly, the majority of covalent bonds of the polymer network is along the orientation direction. Covalent bonds are less temperature sensitive than the Van der Waals distances which are predominantly orthogonal to the long axes of the calamitic units. And secondly, even more important, the degree of order reduces during heating. The introduction of disorder leads to shrinkage parallel, and expansion orthogonal to the director.

In this example of optical fibre coating, molecular alignment is achieved by shear during the extrusion process. But a variety of alignment techniques for low molecular weight liquid crystals were already developed for the upcoming liquid crystal displays. The dielectric anisotropy of the liquid crystal makes switching and alignment possible by means of electrical fields. Similar to magnetic alignment based on the diamagnetic anisotropy of the calamitic molecules. And conveniently, the molecules align at an anisotropic interface, such as that is formed by gently buffing a polymer coating or substrate. The mechanism is still under debate but is generally explained by the combination of anisotropic dispersive interactions and the liquid elasticity of the liquid crystals which eliminates bending of the molecular director at a grooved surface. Surfactant treated surfaces provide a perpendicular (homeotropic) molecular alignment. More recently, photoalignment techniques are introduced based on the creation of an anisotropic substrate surface by exposure to polarized ultraviolet light. When applied on surfaces with either molecular anisotropy or nano-grooves, the reactive liquid crystal monomer aligns uniaxially parallel to the pregiven direction. When in contact with two surfaces with different surface treatments more complex spatial molecular arrangements can be obtained such as twisted or splayed alignment.

After having established the desired molecular alignment in the monomeric state, it is fixed by photo-crosslinking. Due to their crosslinked densities, the obtained polymers no longer form mesophases as their arrested order hinders both crystallization at low temperatures and the formation of an isotropic liquid phase at high temperatures. However, because of the frozen initial liquid crystal order, they are still referred to as 'liquid crystal networks' (LCNs). Phase transitions may be enabled by copolymerizing the diacrylates with crosslink density reducing monomers, ultimately forming liquid crystal elastomers (LCEs) with a higher rotational mobility of their mesogenic units and the capability to undergo liquid crystal phase transitions.

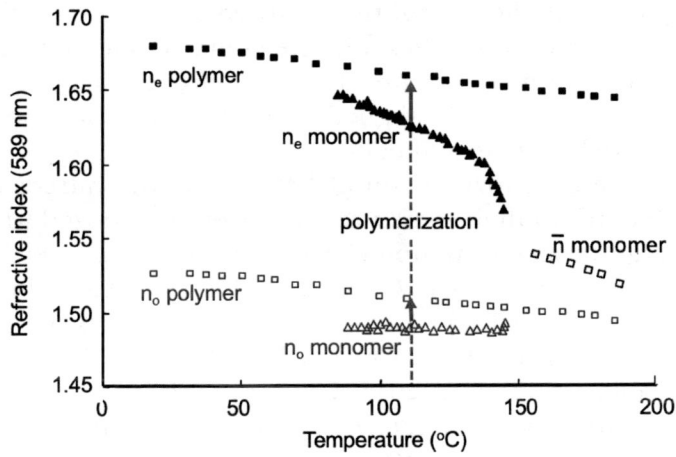

The control over the close-to-defect-free alignment of the liquid crystal network, in combination with their optical transparency, led to a range of interesting optical properties. In general, the anisotropic polymer networks are highly birefringent, with a large difference between the extraordinary refractive index n_e and the ordinary refractive index n_o, respectively measured for polarized light parallel and perpendicular to the director.

The birefringence of the polymerized RM1 reaches a value of 0.16 and is relatively independent of temperature. This optical anisotropy forms the basis for numerous optical devices, varying from polarizing beam splitters and polarization gratings to multi-focal lenses and complex diffraction optics. Moreover, the polarization optical properties are quite similar to the liquid crystals that are used in the present liquid crystal displays, which makes the polymer films of special interest for compensation optics to improve the displays on viewing

59

angle and daylight brightness. Moreover, because of the refractive index matches with the liquid crystal mixtures, the polymer networks are used to stabilize the alignment of so-called vertically aligned liquid crystal displays with improved switching kinetics.

Since the introduction of RM1 literally hundreds of variations on their structure have been synthesized with a large variety in monomeric and polymeric properties [J. Lub, D. J. Broer, Cross-Linked Liquid Crystalline Systems: From Rigid Polymer Networks to Elastomers, Eds: D. J. Broer, G. P. Crawford, S. Žumer, CRC Press, Boca Raton, FL, USA 2011, Ch. 1, p. 3]. In the scientific literature two monomers, commercialized by the Merck company, stick out: RM62 and RM257. The methyl substitution at the central ring introduced asymmetry which give them reasonable melting temperatures which is important for processing. For practical applications mixtures of monomers are used, to benefit from eutectic properties, enabling processing of the monomers at room temperature and optimizing on polymer properties such as elastic modulus and glass transition temperature.

By introducing a chiral center in the molecular structure, the polymer morphology becomes more complex. As already shown for the low molecular weight liquid crystals, the molecules adapt a helical organization. In the case of acrylate functionalized chiral liquid crystal monomers, the helical molecular structure becomes fixed in the solid crosslinked polymer film. The rod-like molecular entities describe a helix with the helix axis perpendicular to the substrate and a periodicity of a full 2π rotation over a pitch length p. When the pitch becomes of the order of the wavelength of light, the periodic refractive index modulation leads to reflection of circularly polarized light with a wavelength $l = n_{av} \cdot p$ in which n_{av} is the

RM257
19: Cr - 73 - N - 129 - I

Cr - (N - 44) - 76 - I

RM62
2: Cr - 86 - N - 116 - I

Cr - 54 - N - 67 - I

39: Cr - 45 - CH - 55 - I

average refractive index $(n_o + n_e)/2$ following Bragg-like principles of constructive and destructive interference [H.L. de Vries, Acta Cryst. 1951].

The handedness of the circularly polarized reflected light corresponds to the handedness of the molecular helix. This chiral polymer on itself is already a polarizing optical component. However, for an application in displays the coating is of limited value because of its narrow bandwidth. The bandwidth scales with the birefringence Dn and is usually of the order of 40 to 60 nm, whereas for liquid crystal displays the full coverage of the visible spectrum is desired. From our research it appeared that a solution could be found by creating a gradient of the pitch p over the cross-section of the film. By starting with a mixture of a reactive chiral and a less-reactive non-chiral monomer, creating a gradient in light intensity over the film cross-section induced diffusion of the chiral component to the light source and counter-diffusion of the non-chiral component.

The scanning electron microscope image shows the gradient of the pitch, demonstrated by the increase of the layer distances from top to bottom. The narrow reflection band of the monomeric state broadens significantly when the monomer is converted into the polymer under

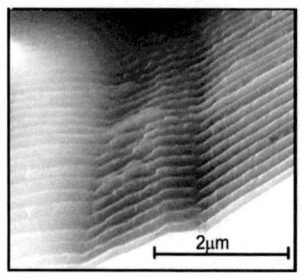
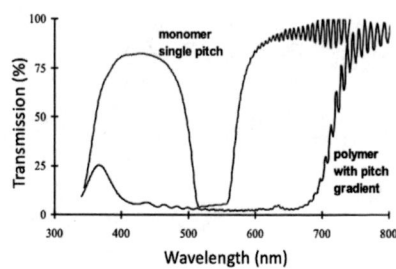

gradient conditions and covers the whole visible spectrum where the large pitch section reflects polarized red light which slowly goes to shorter wavelengths until the small pitch section reflects polarized blue light. Overcoating the chiral nematic coating with a reactive mesogen coating with optical retardation (thickness x birefringence) of a quarter wavelength produces linear polarized light. The obtained broadband reflective polarizer films enhance the brightness of liquid crystal displays when shifted in between the backlight and the polarizer film by reducing the absorption of the conventional absorbing polarizer films.

The introduction of chirality into the liquid crystal monomer, and the resulting helical organization of the calamitic units creates an in-plane symmetry and an out-of-plane anisotropic component. Consequently, when the order parameter of the chiral film is reduced this leads to a large expansion perpendicular to the plane of the film and a close to zero, or at higher temperatures even slightly negative expansion in the film plane. This becomes visible when the order parameter is reduced during heating. But the same effect can alternatively also be obtained by photochemical processes, such as based on the *trans*-to-*cis* isomerization of azobenzene based molecules. The straightened state of the *trans* state complies with the rod-like character of the mesogenic molecules. The *cis* state of azobenzene does not fit in the well-aligned state of the liquid crystal network and disrupts the order. Already a few percentages of a co-polymerized azobenzene component in a nematic polymer network is sufficient to let the polymer expanding perpendicular to the director and shrinking parallel to it under the action of ultraviolet light.

In the case of chiral-nematic order, the network expands along the helix axes which is here oriented perpendicular to plane of the film or coating. In the direction perpendicular to the helix axis the expansion and shrinkage are counterbalanced as both orientations are equally present. The use of light makes local exposure possible. When the surface is exposed through a mask addressing the present azobenzene with 365 nm light, local surface corrugations are formed. They can be erased by 455 nm light exposure brining the azobenzene back in its *trans* state. Or in time, when the azobenzene relaxes back by thermal processes.

In the discussions so far, the helix axes of the chiral-nematic polymer network coatings were chosen to be orthogonal to the substrate and the air interface. Under the conditions of a strong homeotropic surface alignment and adjusted helical pitch, the helix axes can be controlled to orient parallel to the substrate. In that case the helices organize themselves spontaneously into a so-called fingerprint pattern. Driven by the elastic properties of the liquid crystal monomer and the surface energy difference between the parallel and the homeotropic orientation of the monomer molecules a small surface pattern is formed with height differences of a few nanometers.

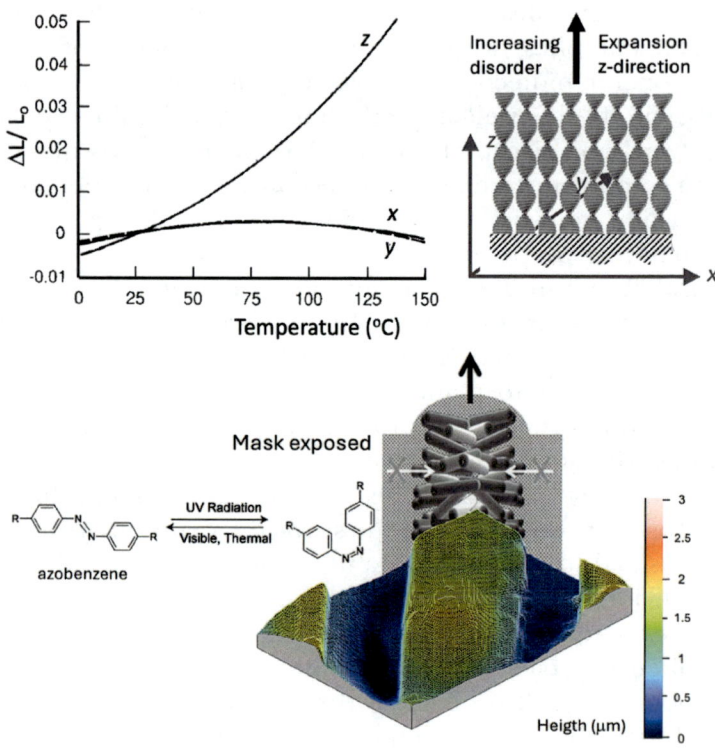

When this fingerprint pattern, in the presence of the co-polymerized azobenzene component is exposed to ultraviolet light the periodic homeotropic areas shrink and the planar areas expand thus forming surface corrugations. The coating changes from close to flat to topographically structured which dramatically change the surface friction properties. The friction against a flat object, like a glass plate decreases when the corrugations are switched on, which can be explained by a reduced contact area. But to our surprise, also when two fingerprint texture are pressed against each other the friction coefficient reduces in the actuated state. This can be explained for fingerprint structures that are of precise equal height and totally random distributed in the plane of the film such that the surfaces glide over each other tops without indented anchoring. As soon as some orientation of the corrugations is brought in by some alignment of the fingerprints the friction might increase depending of the sliding direction.

The fingerprint coatings are made by either spin coating on a single substrate or by curing between two glass surfaces. Consequently, they have a flat surface that form corrugations only when actuated. For specific applications however, one might benefit from an initial state that is already corrugated before actuation takes place. To control this initial surface topography, reaction-induced diffusion can be introduced similar to the process to create the pitch gradient in the chiral-nematic broadband polarizer. However here the diffusion takes place in the lateral direction during which either the homeotropic or the planar areas are elevated. Both appears to be possible by creating differences in the local polymerization rate. The addition of a dichroic dye absorbs UV light in the planar and transmits UV light in the homeotropic area. This slows down the polymerization rate in the planar area of the fingerprint, and consequently promotes material diffusion to the homeotropic area of the film. Conversely, when a dichroic photoinitiator is used, with the transition moment parallel to its long axis, the reaction rate is higher in the planar areas. Monomer diffusion during the photopolymerization elevates the planar areas of the fingerprint.

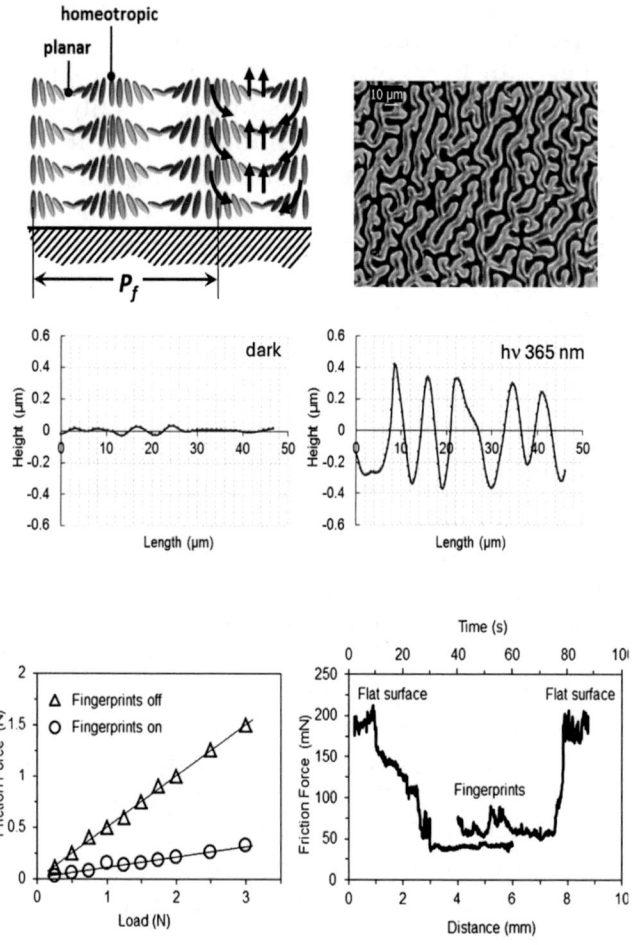

This provides a method to choose the surface property of the initial coating. With the homeotropic organization in the top of the hills and the planar areas in the valleys. Or just the opposite with the planar molecules in the hills

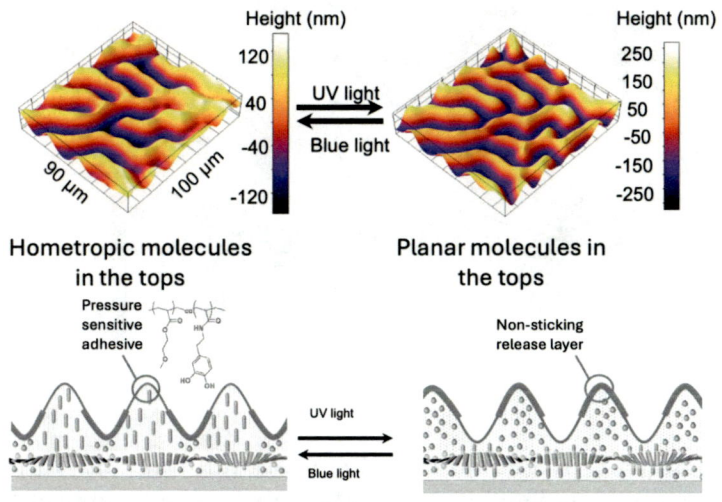

and the homeotropic molecules in the valleys. Keeping in mind that any object in contact with these surfaces feels predominantly the tops which may have different properties than the indents. By making these coatings photo responsive through copolymerized azobenzene, the surface can be switched between the two states. As example, the surface switch between sticking and non-sticking. This structure has proven to pick up a cupper block by simple contact, transport it, and release by UV illumination. By choosing the right pressure sensitive layer on the fingerprint tops this process works even under water.

Earlier we already saw that low molar mass liquid crystals can be switched by an electrical field. In a liquid crystal display the calamitic molecules can make a full rotation aligning themselves with their dipoles along the field lines coming from a state that is controlled by surface

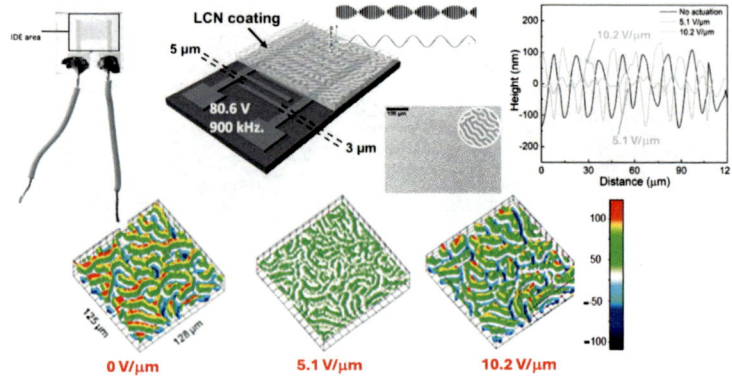

alignment. In a liquid crystal network full rotation of the mesogenic moieties is not possible inherent to the network structure. Nevertheless, the dielectrically anisotropic molecular entities interact with an external electrical field. And especially in the case of a fast-switching AC field the calamitic part of the network respond by small, but fast rotational deflections from their initial position and thereby inducing disorder. And like the by temperature or light created disorder, the network expands perpendicular to the director and shrink parallel to it. This led to a variety of director patterns that enabled the dynamic formation of topographical elements at coating surfaces by AC electrical fields. Here, in line with the story so far, we will focus on the switching of a pre-structured chiral-nematic fingerprint texture. For this application the fingerprint is applied on a surface provided with interdigitated electrodes. The tops and the valleys of the fingerprints switch by switching the AC field on and off, or when desired the film can be brought to a flat state by adjusting the voltage.

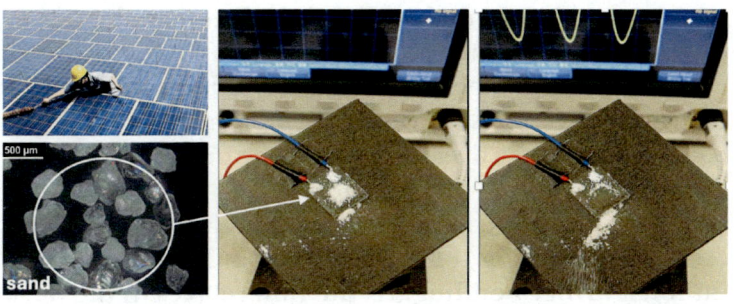

Again, the different states of surface corrugation modulate the friction at the surface. But when the frequency of the switch is brought to the order of MHz, the surface may even produce sound waves and has shown to remove sand particles, eventually with some help of gravity. Given the fact that the coatings are fully transparent for visible and near-infrared light transmitting sun light, it opens the possibility to create self-cleaning surfaces, e.g. to be used on solar panels at location that are difficult to reach.

Until here, the discussion was focused on liquid crystal networks coatings firmly adhering to their substrate. Alternatively, we can make free standing films of the same materials by carefully removing them from their substrate. It becomes interesting when the molecular alignment varies over the cross-section of the film. The response to modulations in molecular order, as induced by temperature, light or electrical field, will lead to adverse responsive behavior at the opposing sides of the film. An example is a splayed film in which the director changes from parallel at one surface to homeotropic at the other surface. Upon heating, the planar side shrinks while the other side expands, and consequently a strong bending is induced analogues to the bending of a bimetal thermostat.

As an example, photothermal bending is induced by focused light exposing of a film modified with a small concentration of a dye dissolved in the polymer network. Bending occurs at the position of the light spot as if there is localized hinge. Interestingly, the bending creates shadowing of the hinge and local cooling inhibits further bending. As the film relaxes in the dark it gets exposed again and repetition of this process creates an oscillation. The oscillation adapts the natural frequency of the film that undergoes dynamic periodic forces by the on and off exposure of the hinge. The process can be described by classical mechanics including film dimensions, density, and inertia. In a special case, multiple oscillating films can be coupled through a polymer bridge causing synchronization despite differences in film dimension or composition. This leads to new concepts in communicating materials and robotic functions.

Working further on the concept of actuated morphing of which the response eliminates its own morphing source, films are brought in a continuous light-driven wave. The wave surface is capable to transport material or, when brought into an instability, to throw material off by a snap-through mechanism. The direction of the wave depends on whether the light source hits the homeotropic or the planar side of the splayed film.

The examples in this essay show the great potential of the liquid crystal networks with respect to optics and mechanics. Since their introduction in the 1980's many institutes have started research programs and presently the field is in a full swing as witnessed by scientific

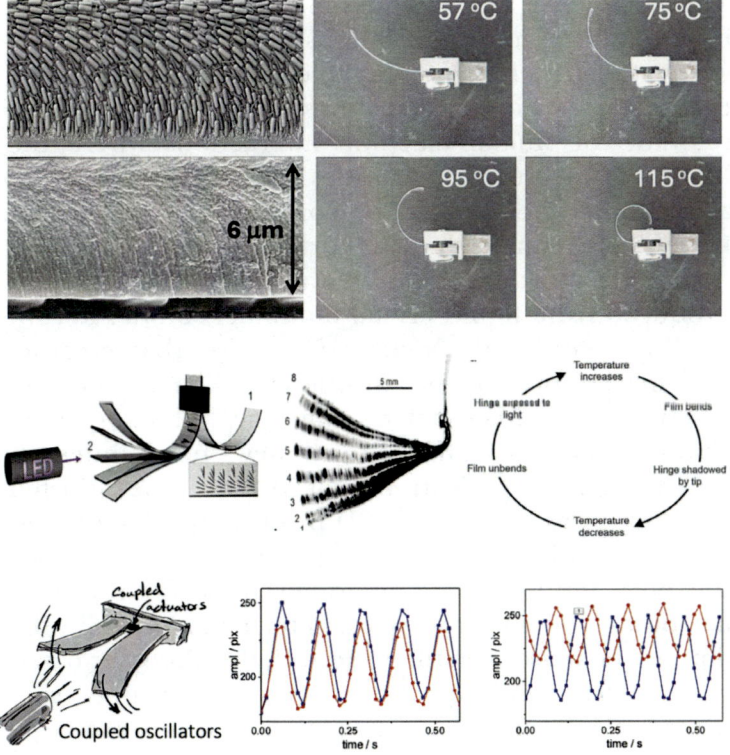

conferences dedicated to the optical and mechanical aspects of the liquid crystal networks. Various new optics are being developed in academics and industry by combining complex photoalignment of the liquid crystal monomers with new high index materials and chirality. New applications in astronomy, virtual/ augmented reality and communication are here in the forefront of the development of new materials as was recently demonstrated at the PhoSM2023 conference.

The mechanical responses of the materials are of utmost important for new applications such as soft robotics where the materials are capable to perform complex deformations. Liquid crystal surface and skin effects are relevant for human-machine interactions where the liquid crystal network provides a sensing next to an acting function as could be concluded at the recent ILCEC2023 conference. Important to mention here that in this essay the emphasis was on polymer networks produced from liquid crystal monomers alone. Recent developments in the field have shown that creating oligomeric precursors through Michael addition reactions of liquid crystal monomers with thiol or amine chain extenders can lead to new possibilities in processing and applications. For instance, the adjusted rheology gives entrance to 3D printing producing new components and devices, for e.g. soft robotic. And while the pure liquid crystal monomer networks for their morphing rely on order parameter changes while the liquid crystal order is still preserved, the oligomer-based products can undergo the full phase transition from the liquid crystal to the isotropic phase leading to large deformations. From this it can be concluded that for the optical products the focus is more on the LC networks as described in this essay. While for the mechanical applications as in robotics the oligomer-based networks are becoming increasingly more attractive. Surface deforming coatings, such as those used for haptics and human-machine interactions can benefit from both approaches depending on desired amplitudes and optical properties like transparency.

Reactive mesogen technology, and its control over molecular organization and local scalar director in a polymer network, has proven its function since its

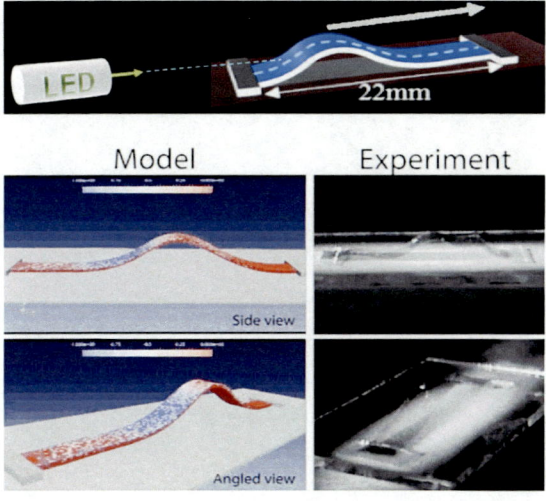

introduction 1985 with the help of many scientists and industrial engineers all over the world, too many to be individually acknowledged. A few names were mentioned in the introduction which I would like to refer to again as they laid the basis on which our work was built.

*Este libro se terminó de imprimir
en los talleres del Servicio de Publicaciones
de la Universidad de Zaragoza
el día 2 de febrero de 2024*